伟大的发明
天才与灵感的杰作

宇宙中的星体
打开探索宇宙的大门

奇境森林
动物和植物的天堂

猫的家族
那奇爱欢撒爪的敏捷猎手

神奇的火车
沿着轨驶通向未来

各种各样的鱼
水下的奇妙世界

改变世界的电
高电压与超导体

大自然的力量
难以估量的威力

沙漠之旅
驼队、绿洲和无尽的远方

忠诚的狗
四只孩子的英雄

美丽的蝴蝶
色彩斑斓的自然精灵

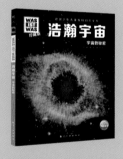

浩瀚宇宙
宇宙的秘密

蚂蚁和白蚁
了不起的建筑师

野生动物
从来被训练的野性

蜜蜂和胡蜂
甜蜜的蜂蜜与可怕的毒针

潜水的魅力
潜水中的迷人世界

狼的故事
走进荒野隐含者的领地

奇趣萌宠
人类的好朋友

鸟类不简单
天空中的杂技演员

显微镜探秘
肉眼看不见的微小世界

未完待续……

WAS IST WAS 珍藏版

奇趣萌宠

人类的好朋友

[德] 安妮特·哈克巴斯 / 著　张依妮 / 译

航空工业出版社

真相大搜查

方便区分出
不同的主题！

你可以在农场里认识
各式各样的动物。

4

符号 ▶ 代表内容特别有趣！

15

八齿鼠喜爱群居，它们通过吹口哨
相互沟通。但如果它们想要安静的
环境，就会生气地发出吱吱的叫声。

不管是纯种犬还是混血犬，狗不仅可以成为人类忠实的伴侣，还能从事很多职业呢！

24

34

在农场里，猫是不可缺少的一员，它们肩负着捕鼠的重要任务。

46

家畜生活得自由自在？才不是呢。

重要名词解释！

孩子们
需要动物

小朋友都喜欢饲养小动物，也许是因为他们希望有人能照顾好这些小家伙。在所有宠物里，孩子们最想养狗和猫，因为他们能跟这两种动物愉快地玩耍。人们会抽空带狗出去散步，给它尽情嬉闹的时间。但令人遗憾的是，因为住所太小或者无法长时间陪伴，甚至家人对动物毛发过敏等原因，不是每个人都能实现拥有宠物的愿望。不过没关系，几乎在每个大城市或城市郊区，都有儿童农场，我们可以去那里认识各种各样的动物。

儿童农场里不仅有狗、猫，还有猪、山羊等其他动物。

你可以喂山羊吃草，也可以学习如何清理马蹄铁。

丰富多彩的农场体验

在儿童农场里，孩子们可以听见猫和狗的叫声。不仅如此，那里还有各种各样的其他动物，孩子们不仅可以帮忙看管与照顾，还可以为它们建造棚屋或围栏。如果你愿意在花园里播撒一些蔬菜种子，那么来年就可以收获自己亲手种的蔬菜了。许多孩子都对参观儿童农场兴趣盎然，不过最好由一位成年人陪同并照看他们，确保不会发生意外。如果你考虑饲养某种动物，想要提前了解相关知识，儿童农场也是个不错的地方。在那里，你可以学习怎样牵一匹小马；了解到山羊

毫不挑食，甚至会吃掉挂在晾衣绳上的T恤；你还可以尝试学习正确地抚摸兔子与豚鼠——甚至可能遇到更难的任务，比如给大型动物喂食。

发现你的才能

也许你天生就喜欢动手，想熟练掌握各种工具的使用方法，许多儿童农场都提供相关课程，比如手工课、绘画课、动物护理课等，孩子们可以各选所好。这些课程内容丰富，充满趣味性，形式包括夏令营、篝火晚会、联欢会等。但所有课程都会以动物为中心来开展，孩子们需要学习怎样亲近小动物，同时又不让它们感到害怕，以及怎样与动物交朋友。如果你想成为一名合格的动物主人，快去儿童农场上课吧！

大家一起搭建帐篷，在篝火旁露营，讲讲故事，享受美好的夜晚。

在与动物的相处中，孩子们更容易学会承担责任，集中注意力。动物会让我们的心态更平和。

数量庞大的家畜

共同生活，和平共处

虽然猪、驴等动物并不与人类同居一室，但是人与动物曾经密切地生活在一起。

松鼠喜欢野外生活，但也可以被驯养。

有些动物没有与人类同居一室，它们生活在牲口棚或者牧场里，人类把这种被高度驯化的动物统称为家畜。除了狗和猫之外，家畜还包括牛、猪、马等动物。在不同的国家，人们饲养的家畜种类各有不同。例如，在约6000年前，南美洲居民就驯化了豚鼠。他们食用豚鼠肉，就像我们食用牛肉一样。人类喜欢驯养对自己有用的动物，它们的肉可供食用，皮毛可以制成衣服，骨头还可以做成工具。随着时间的推移，动物的利用价值越来越广泛，比如羊可以产羊毛，母牛产奶可供人饮用或被加工

知识加油站

▶ 我们也会在家里养一些观赏鸟类，例如虎皮鹦鹉。但它们很难被驯化，如果主人经常与它们玩耍，这些小鸟是愿意被人抚摸的。然而一旦逮住机会，大多数鹦鹉都会飞走。

被驯化的野生动物

成奶酪等乳制品。人类精心照顾这些动物，给它们喂养饲料，保护它们免受食肉动物的捕食。

从野生动物到家畜

随着农业的发展，人类逐渐结束漂泊不定的生活，开始定居下来，并驯化了越来越多的野生动物。人类无法食用的植物可以用作牲畜的饲料，这样就不用为了吃到肉而频繁冒险狩猎。但人类仍然需要狩猎，因为有些野生动物会给人类的生活环境造成巨大的破坏，比如狼会偷吃家畜，鹿会破坏农田。人类不断尝试驯化一些野生动物，但是有些动物会逃跑，只有能被驯服的动物才会接受人类的照料并不断繁衍生息，这些动物的后代变得越来越亲近人类。山羊属于最早被驯服的动物之一，随后是绵羊。在此之后，人类逐渐放开胆子，试图驯服体型更大、性情更激烈的动物，例如野牛。家畜的祖先大多来自中东地区，那里是野生动物被驯化的源头。

驯养动物意味着什么?

一般来说，幼兽从小被人饲养，性格会比较温顺。它们希望被人抚摸与喂食，并且愿意亲近熟悉的人类。然而一旦幼兽发育成熟，渴望野外自由生活的本性就会被激发，如果这种冲动无法克制，生活在同一个屋檐下的同伴就会时常变得爱咬人，比如松鼠。如果有些野生动物信任人类，并且喜欢吃人们投喂的食物，那么它们就有被驯化的可能。但是，野生动物会永远拥有追求自由的本能。家畜则与野生动物不同，只要没有受到人类的虐待，它们就会一直忠于主人。

野生豚鼠

家养豚鼠

家畜的外表会发生改变，通常情况下，它们的皮毛上有白色的纹路。

野兔

家兔

野驴

家驴

家畜经常替我们干活。非洲的家驴至今仍在驮运物品，但是野驴绝对不会这样。

人们通过育种改变动物的行为。家兔可以被饲养在兔笼里，但野兔不喜欢被束缚。

我们的动物朋友

在古埃及，猫是人人敬仰的圣兽。贝斯特女神是古埃及神话中的猫神，她化身为一只猫，以敏捷和力量深受赞誉。

牛、羊等动物是何时何地被驯化为家畜的呢？虽然这件事对人类的影响巨大，但令人惊奇的是，这个问题并没有答案。许多动物的演化历史非常有趣，比如说，在很长一段时间里，人们都以为家牛是早已灭绝的欧洲原牛的后代。作为一种体形巨大的猛兽，欧洲原牛拥有宽大的双角，极具攻击性，能让人真正感受到大自然的力量。但事实上，被驯化的家牛来自中东地区。

悄无声息的脚步

来自埃及半荒漠地区的猫悄悄潜入了农民的粮仓里，这些农民很快就发现了猫的绝妙用处：它们可以保护粮仓里的粮食免受老鼠等啮齿动物的啃食。猫的地位日益攀升，古埃及人甚至把它当作神灵来崇拜。科学家根据 DNA 分析发现：品种繁多的猫，可以被归为简单的五种。

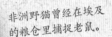

非洲野猫曾经在埃及的粮仓里捕捉老鼠。

知识加油站

▶ 借助 DNA 鉴定技术，科学家们发现，大多数家牛都具有亲缘关系，同时也可以通过基因查证狗被人类驯化为家畜长达多少年。DNA 鉴定可以解答家畜从哪里而来，以及如何来到我们身边等问题。

这是一只欧洲家猫。它的脚爪是白色的，这意味着它不是野猫。

飞快的马蹄

马对人类历史的发展产生了不可磨灭的影响，几乎没有其他任何动物可与之相比。几千年来，马为我们运载重物，护送骑士到达远方。随着农耕业的发展，马还成了人类不可或缺的好帮手。马与牛同为耕畜，但是马的体力和耐力都比牛更好，它们犁地的速度更快，时间也更长。

随着农田面积逐步扩大，人们开始普遍使用牛、马来耕地，这样可以收获更多的粮食。于是食物变得越来越充足，人口数量也随之越来越多。

左图为距今1万多年前的法国拉斯科洞窟壁画里的野马，右图为今天的普氏野马。

➡ 你知道吗？

家马的直系祖先我们至今仍无从得知，研究还表明，世界上唯一现存的野生马，即普氏野马，并不是真正的野生动物，而是驯化马的后代。目前已经没有纯种野马存世，家马的祖先大约5500年前生活在今天的哈萨克斯坦地区，是一种被驯化过的马。

狼是怎么演变成狗的？

2013年，科学家们在比利时的一个洞穴里发现了一块动物头骨。研究结果显示，这是一只狗的头骨，它已经至少有31700年的历史了，所以，狗很早以前就是人类的朋友了。起初，狼可能会在人类居住地的附近寻找可以吃的食物，这样一来，它们也可以帮助人类清除垃圾。有些狼适应了这种生活方式，于是开始随人类一起四处迁徙，并且人类的篝火对它们来说也不再是威胁。它们世世代代变得更温顺，慢慢演变成了狗。当人类遇到危险时，狼会发出预警，还会保护人类免受敌人的袭击，就像今天的看门狗做的事情一样。所以，从古至今，狗都是人类忠心的护卫和陪伴者。

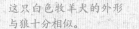

这只白色牧羊犬的外形与狼十分相似。

轰动性的发现

这块头骨已经有3万多年的历史了。起初人们以为这是一块狼的头骨，但DNA分析结果显示：它来自一只狗。

金丝雀并非只有黄色，人们通过育种，培育出了橙色的金丝雀。

在许多国家，猫都是最常见的宠物，在德国，家猫的数量就超过了800万只。

选择合适的宠物

几乎每个孩子都希望拥有一只宠物，但在养宠物之前，必须先考虑清楚以下几个问题：你对哪种动物最感兴趣？这种动物在你家里也会感到舒适吗？如果你还不确定要选择哪一种动物，比如猫、狗、鸟、鱼或者乌龟，那么你最好慎重思考一下：你拥有足够的时间、空间和经济能力去照顾和陪伴它们吗？

你想要哪种宠物？

如果你有意养一只宠物，并和它一起生活，你需要征得家人的同意，并且明确分工，以确保你不在家的时候也有人负责照顾宠物。在养宠物之前，你需要确认家人是否对动物毛发过敏，以及公寓里是否允许养宠物。照顾动物是一件劳心费力的事情，期间并不总是让人愉快。狗需要从小与父母相处，因为只有它们才能教育小狗。养兔子或豚鼠相对容易一些，但它们不喜欢独处，需要至少一只同类的陪伴。如果你想养更小的宠物，那么仓鼠是个不错的选择，但它们喜欢夜间活动，那时你多半已经睡了。动物可以丰富我们的生活，同时也教会我们承担责任。不幸的是，有成千上万的兔子、豚鼠等动物终生都被关在狭小的笼子里艰难度日，得不到主人的关爱。为了让你的新室友能有幸福的一生，你应该仔细地了解你想饲养的动物的信息。

做出决定

如果你和父母已经达成一致，决定饲养一种小动物，那么你需要查询它们的资料，了解它们的需求，以及从哪里接回这个未来的家庭成员。你们或许可以先去动物收容所看一看，那里几乎可以找到任何一种动物。许多动物是被人盲目购买后又被抛弃的，它们正急切地等待新主人，希望得到真正的关心和精心的照顾。

有趣的事实

仿真宠物机器小鸡

日本有一家公司生产人造宠物，例如这只人造小鸡。当人们抚摸时，它就会发出"唧唧"的叫声。这家公司也生产人造猫和人造狗，它们乍看和真正的动物并无二致。当然，人造宠物不能代替真正的动物，因为它们没有感情。因此，即使人们漠不关心，它们也不会感到痛苦。

豚鼠喜爱群居，并且好奇心十足。它们非常需要同类的陪伴，如果人们经常陪它们玩耍，它们就会变得很亲近人。

你想知道什么生活方式能让动物感觉最舒适吗？去了解一下它们野生"亲戚"的习性吧！兔子喜欢挖掘洞穴与通道，你可以建造一个让兔子无法逃跑的户外围栏。

蜘蛛等动物通常只适合专业人士饲养。

狗需要人类的训练，也需要大量的户外活动，它们不仅可以陪孩子一起玩耍，也喜欢和同类一起嬉戏。

乌龟的种类繁多，每一种乌龟都有不同的需求。

仓鼠和老鼠要求颇高，它们不喜欢整天待在笼子里无所事事。

啮齿动物——多种多样的选择

有些人不喜欢老鼠，看见它们甚至会尖叫着跳上椅子，而有些人却把它们视为宠物，养在家里。它们的野生同伴们有的居住在田野、牲口棚与谷仓里，例如田鼠与家鼠，有的甚至生活在荒漠里，例如金黄地鼠。这些野生鼠类被驯化后，可以与人类生活在同一个屋檐下。如果你在家里饲养这些动物，就得确保它们过上健康而满足的生活。

在群体中获得快乐的老鼠

老鼠无法独自生活，但这并不意味着它们总是能够与同类和平相处。如果它们在野外生活，就可以通过争斗选择同类，但如果在笼中被饲养，则需要饲养者仔细地为它们挑选同伴。沙鼠对于同伴特别挑剔，它们会抢占同性的地盘，建议饲养新手先养一对同性的沙鼠，这样会比选择一对异性好养。如果雌性与雄性动物在一起生活，就必须给雄性做去势手术，否则它们会不停地繁衍后代。老鼠喜欢夜间活动，有些在黄昏时分就已经蠢蠢欲动了。如果饲养者经常与它们玩耍，它们会变得非常信任人类。它们喜欢变化，在它们的笼子里放一个可供玩耍的纸筒，或是一些新鲜的树枝，就可以让它们乐趣无穷。

虽然金黄地鼠看起来非常可爱，但它们个性独立、喜爱安静，并且只在特殊情况下才亲近人。

仓鼠更喜欢独处

仓鼠喜欢独来独往，领地意识很强。它们只在交配期间才会去寻找同类，如果平时生活在一起，则会互相争斗。另外它们习惯在夜间活动，白天不喜被打扰。如果人们常去骚扰，它就有可能变得攻击性很强。这当然情有可原——谁喜欢总是被扰清梦呢？仓鼠酷爱活动。在野外，它们几乎整夜都在外游荡，并且为了寻找食物，它们也得长途跋涉。出于这些原因，仓鼠是不适合给孩子当宠物的。

➡ 你知道吗？

许多啮齿动物使用超声波进行交流，这些人类听不到的声音，被它们用作求偶和警告的工具。借由特殊设备，人们发现，老鼠在求偶时会像鸣禽一样唱歌；如果给被驯化的老鼠挠痒，它们就会像小孩一样咯咯大笑。

黑腹仓鼠是金黄地鼠
的亲戚，它们生活在
欧洲的野外。

知识加油站

▶ 印度拉贾斯坦邦有一座卡尔尼·玛塔神
庙，供养保护着超过 2 万多只老鼠，接
受当地人和来自世界各地游客的朝拜。

沙鼠是夜行动物，生活在非洲与亚洲干燥的热带草原上。
它们种类繁多，其中有些是独行者，有些则喜欢群居。

锐利的牙齿

啮齿动物长着两对门齿——一对上门齿和一对下门齿，这两对门齿伴随
它们一生，在不断的噬咬中，门齿变得像凿子一般尖锐。其门齿仅在前面覆
有珐琅质，所以后面的软齿质消耗得更快，能始终形成尖利的凿刀形；此外，
门齿无齿根，能终生生长，所以必须不断磨牙，以求得生长平衡。老鼠与松
鼠等动物可以利用锋利的牙齿咬开硬硬的坚果，如果有一小截牙齿断落了，
会再次长出新的。但同时也意味着这些小型啮齿动物必须有足够的硬质食物，
保证它们的牙齿能一直磨损。你可以在宠物店里购买专供它们啃咬的磨牙棒，
也可以经常准备一些果树的新鲜树枝。

花枝鼠等啮齿动物喜欢千变万化且可以藏
身的地方。它们会在小吊椅上荡来荡去，在
绳子上练习走钢丝，或者在小屋里储备食
物，酣然睡去。一些管道或植物可以用作
藏身之处，这些地方看起来美观舒适，很
受这些小家伙的欢迎。

啮齿动物的门
齿像剪刀一样
上下交错，门
齿前面覆盖的
一层珐琅质通
常是橙色的。

毛丝鼠与八齿鼠——
敏捷的南美洲动物

即使你花费大量时间与毛丝鼠和八齿鼠玩耍，它们依然需要同类的陪伴。对它们来说，同类的"兄弟姐妹"最易于相处。

这个小家伙名叫卡西米尔，是一只毛丝鼠，它的啮齿破坏力惊人，主人苏珊娜不得不用零用钱重新购买数学与英语课本。不过它与苏珊娜的感情甚笃，因为苏珊娜时常陪它愉快地玩耍，只要主人一呼唤，它就会扭动着身子跑过去，因此它被允许在屋里自由走动。卡西米尔和它

的弟弟莫格利都非常喜欢苏珊娜，但苏珊娜的父亲却对此非常不满，因为卡西米尔经常咬坏椅脚、床柱，还有家里的书籍。苏珊娜不愿意把卡西米尔一直关在笼子里，最后全家人一致决定，这两只毛丝鼠只能在苏珊娜的房间里自由活动，没过多久，卡西米尔就把家具啃坏了。笼子里有非常多可供它们啃咬的东西，如新鲜的果树树枝、磨牙棒等。但不同于莫格利，卡西米尔偏爱啃咬椅脚。事实上，无论啮齿动物的体型有多么小巧，它们各自都拥有独一无二的个性。

八齿鼠需要同类的陪伴

毛丝鼠与八齿鼠是群居动物，不能被单独饲养，只能与同类共同生活。在它们南美洲的家乡，八齿鼠过着其乐融融的家庭生活，互相帮助，共同生活。它们会轮流监控周围的环境，一旦发现危险，马上向群体发出警报。因为无法单独生存，所以它们害怕孤单，无论是在自由的野外，还是圈养的笼中。如果被人类单独

两只毛丝鼠在一起，生活变得有趣多了。

游戏设施当然是越多越好，这是为八齿鼠准备的户外围笼。

饲养，它们会长期处于紧张状态，极容易生病。八齿鼠和毛丝鼠互相照顾，经常为同伴仔细清洁毛发。晚上睡觉的时候，它们喜欢紧紧依偎在一起，尤其是八齿鼠，这样能令它们感觉安全且舒适。

请尊重小动物

毛丝鼠与八齿鼠拥有毛茸茸的皮毛，但大多时候，它们都不喜欢被人类搂抱。特别是毛丝鼠，对陌生人尤其抗拒。如果人们执意要抱，它就会用脚蹬来蹬去，锋利的爪子很容易划伤人。如果人们突然松手，这些啮齿动物很有可能会摔伤。所以，请尊重这些小动物们，给它们足够的空间和自由。你可以通过喂食，让它们逐步适应你，并渐渐乐于被你抚摸，但是千万不要强迫。向周围熟悉毛丝鼠的朋友取取经，学习如何正确地抱起它们。除了喂食、喂水等日常任务，你还要经常检查动物的状态——它们是否看上去活力十足? 是否有其中一只默默躲在角落? 如果是，那么它有可能是生病了。有时啮齿动物们会互不相容，遇到这种情况，你就必须把它们分开。

对啮齿动物来说，咬开谷物和坚果的硬壳简直不费吹灰之力，然后就可以尽情享用营养丰富的果实了。

别看我小，想要什么，我清楚极了。

知识加油站

▶ 如果能够得到妥善的照料，八齿鼠通常能活到 5 至 6 岁，毛丝鼠甚至能活到 20 岁。

八齿鼠需要石头磨爪，因为它们的爪子会不断生长。

自制小秋千

这个小秋千可以改变笼子里单调的环境。拿出工具，动手吧!

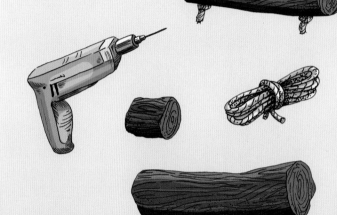

准备材料：

- 手持电钻
- 打孔钻头
- 一根长木棒和两根短木棒
- 若干绳子

制作方法：

1 用电钻在长木棒两端钻两个孔（儿童需在成年人的帮助下完成）。

2 在两根短木棒中间各钻一个孔。

3 如图所示，将两块短木棒的孔分别对准长木棒的两个孔，穿上绳子，每边打三个结，以固定木棒，使其不会上下移动。

4 把完成的小秋千挂在笼子里——不要挂得太高，以避免小动物摔下来受伤。

豚鼠与兔子

人们经常把多只豚鼠与兔子放在一起饲养，这当然无可厚非。但是，切忌把单只豚鼠与单只兔子放在一起，因为豚鼠与兔子完全无法沟通，它们很少甚至根本不会有任何交集。

友善又聪明

兔子与豚鼠都是聪明又开朗的动物，如果能得到人们的精心照顾，它们会变得非常愿意亲近人类。这两种动物都非常好动，并且充满好奇心。它们有很多需求，比如每天都需要充足的在笼子外活动的时间，还需要可啃咬磨牙的东西，更需要和同伴一起玩耍，这一切都是它们的天性。与豚鼠不同的是，兔子善于挖掘洞穴，如果人们打算给它们建造户外围栏，必须谨防它们从围栏下挖洞逃跑。因此，围栏需要具备一定的深度，或者必须定期为它们搬家。

豚鼠与兔子非常喜欢吃新鲜的青草和蒲公英，你可以在春夏之交采集蒲公英，喂给兔子。它们还喜欢吃西葫芦、莴苣、胡萝卜等蔬菜。需要注意的是，兔子的消化道需要大量粗纤维，

➡ 你知道吗？

也许你理所当然地认为，家兔的祖先是野兔。事实上，穴兔才是家兔的祖先。

细微的差别

兔子并不属于啮齿目，而是属于兔形目。在它们的上门齿后面，有一对特别的圆柱状牙齿，被称为"支柱牙"。

与豚鼠一样，如今人们也可以买到大小、颜色与品种各异的兔子。

兔子障碍赛是专门给兔子设计的运动。在比赛中，兔子像马一样跳过小型障碍物。

因此必须给它们提供足够的干草。雄性兔子应该进行去势手术，否则它们会为争夺雌性而打得不可开交。

会上厕所的小兔子

在饲养宠物的过程中，必然会遇到它们乱尿尿的问题，这会让人十分烦恼。你可以通过诱导、培养，让它们慢慢养成"不随地小便"的好习惯。并非所有的兔子或豚鼠都能一下子学会上厕所，但是不要放弃，通过训练，它们是可以慢慢学会的，特别是兔子，它们天生爱干净，有定点排便的习惯。你可以在兔笼里放一个碗，在碗里铺上一些它们曾经小便过的垫草，它们闻到尿液的气味，以后就会把碗当作定点的厕所。当然，这个过程需要一定的时间，你必须有足够的耐心训练它们。豚鼠的训练方式则不同。你可以找一个鞋盒，在纸板上开两三个洞，把碗放在洞口下方，这些洞口就是豚鼠的马桶。定期清理这个小厕所，大约每3至4天打扫一次，每次都留一点湿湿的垫草在里面，这样有助于它们养成定点如厕的习惯。在它们养成自己上厕所的习惯之后，也许偶尔还会犯几次错误。不要急着生气，先检讨一下自己有没有及时清洗厕所，关注一下它们最近是不是身体或者情绪有些小问题，多一点耐心，多一点爱护，小动物们也可以成为聪明、乖巧、贴心的"好孩子"哦！

错误

单只兔子与豚鼠绝对不可以被关在同一个小笼子里。

豚鼠正在与同伴们进行户外活动。每天吃一点新鲜的绿叶，世界就完美啦！

有趣的事实

既不是猪，也不来自海洋

可能是因为西班牙航海者把它们从南美洲带到了欧洲，而且它们发出的叫声与猪有些相似，所以，豚鼠在德国也被称为"小海猪"。但它们既不在海里生活，也不是猪的亲戚。

西班牙航海者带去了欧洲第一批豚鼠。

长着羽毛的朋友们

著名的动物影片导演、动物学家伯恩哈德·格日梅克在他的电视节目里称呼鸟类为"长着羽毛的朋友们"。他指的是那些家养的鸟类，但它们的许多同类仍然是野鸟，也就是说，我们在野外也可以找到这些鸟类的身影。因为它们的家乡并不在我们这里，所以人们把它们归类为宠物中的外来物种。它们的另外一个名字是"观赏鸟"。作为宠物，鸟类并不完全适合与孩子为友，因为它们非常敏感。在许多国家，虎皮鹦鹉是最常被人们饲养的鸟类。它们的野生同类却生活在澳大利亚，在那里，数百只虎皮鹦鹉聚集在一起形成大型鸟群，自由飞翔。虎皮鹦鹉对待同伴很友好，几乎从来不会出现激烈的争斗。

饲养鸟类是一项挑战

鸟类不仅需要精心的照料，还渴望尽情飞翔的自由——当然前提是要关好门窗。不过饲养大型鹦鹉是一项巨大的挑战，只适合真正的行家。大型鹦鹉会到处排便，把香蕉碾碎并涂抹到家具上。它们还会大声喊叫，声音大到邻居们都能够听见。人们必须每天给它们提供捣碎的水果与蔬菜，还要陪它们玩耍，否则它们会变得具有攻击性。此外，鹦鹉是群居动物，需要同伴的爱抚，因此，建议同时喂养两只。

室内饲养的虎皮鹦鹉可以被放出笼子自由飞翔，但是必须是在有人看管的情况下，否则它们可能会被卡在某处，无法成功挣脱。

牡丹鹦鹉又被称为爱情鸟，因其深情的天性而得名。它们会与伴侣形影不离，相依相偎，而且多会厮守终生。

人们已培育出颜色、大小各异的金丝雀品种。

斑胸草雀与黄色歌者

斑胸草雀原产于澳大利亚，人们有时候会把它们与虎皮鹦鹉一同饲养。活泼又性急的斑胸草雀常常让虎皮鹦鹉感到无比心烦。虽然虎皮鹦鹉对同类很友好，但是对待斑胸草雀的态度却让人不敢恭维，要是被逼急了还会伤害它们。金丝雀又名加那利雀，因来源于加那利群岛而得名。早在 500 年前，人类就开始在鸟笼里饲养金丝雀，并且对它们进行育种。如今，人们培育的金丝雀不仅大小各异，还有橙色、棕色等多种不同的羽色。

鹦鹉之王

紫蓝金刚鹦鹉拥有深蓝色的羽毛，体长可达 1 米，其下喙的后端及眼周有黄色的裸露皮肤。它可以毫不费力地用喙咬开硬壳坚果。然而，遗憾的是，因为许多紫蓝金刚鹦鹉都在被非法捕捉后，由动物走私贩偷偷出售，这种鸟类已经十分稀有了。所以在考虑购买外来物种的时候，买家一定要注意这些动物是否真的来自人工培育，否则就间接支持了偷猎行为。

不喜独处

野生鹦鹉不喜独处，所以它们不能被单独饲养。这些观赏鸟类对配偶的忠诚度很高，它们自由恋爱，然后会一辈子待在一起，直到配偶死亡。如果鹦鹉感到孤独，就会陷入巨大的绝望情绪，以至于啄掉自己的羽毛，或连续大叫数个小时。即使有人经常和它一起玩耍，也无法代替同类的陪伴。原产非洲的牡丹鹦鹉，正是因为与同伴形影不离而得名"情侣鹦鹉"。

你知道吗？

雄性虎皮鹦鹉会模仿周围的声响，然后一展歌喉，通过婉转动听的声音给雌性留下深刻的印象。它们尤其善于模仿人类的声音。

有趣的事实

鹦鹉会主动选择配偶

在择偶方面，许多鹦鹉都很挑剔。在野外，它们可以从众多的同类中挑选未来的终身伴侣。但是，不要误以为随便把两只鹦鹉关在一起，它们就能合得来。鹦鹉是绝顶聪明的鸟类，切勿小瞧它们。幸运的是，鹦鹉也有"婚姻介绍所"。饲养者可以把自己的鹦鹉带到"相亲角"，如果它相中了某个异性，会一直停留在对方身边，你就可以把两只鸟都接回家啦。

迷人的
水下世界

七彩神仙鱼也被称"铁饼鱼"（这个称呼来自拉丁语中的"盘"一词），它们有五彩斑斓的颜色。

体型娇小的霓虹脂鲤非常受水族新手的欢迎，因为它们对环境的要求不高。

鱼类不能说话，无法与人亲近，因此也很难接受训练。尽管如此，它依然属于我们最常饲养的动物之一。鱼类拥有美丽的"外衣"，是一群迷人的生物，但是这并不意味着它们容易饲养。

一门独立的学科

水族箱是用来饲养鱼类的玻璃器具，具有极佳的观赏视角。因此，水族箱不应该只是一个盛水的容器，它应该被悉心布置，这样才能更接近鱼类的生活环境。其中设置的植物与藏身之处，可以让鱼儿们自由游动，或是安然休息。哪些种类的鱼可以被共同饲养，这主要取决于以下因素：首先，它们应该有相似的环境需求，比如水温。其次，你要养淡水鱼还是咸水鱼？你所选择的鱼群里，有没有某一种鱼类会吃掉其他的鱼类呢？这都需要提前考虑，做好决定。热爱饲养鱼类的水族爱好者们堪称鱼类专家，除了鱼类，他们对水族箱设备以及各种养鱼技术也了如指掌。因为除了鱼类，养鱼技术也是一门非常重要的科学。过滤器可以使水质不会过快地受到污染，恒温器可以控制温度，让水始终保持合适的温度。深受人们欢迎的七彩神仙鱼喜欢 28 至 30 摄氏度左右的水温，因为在它们的家乡——亚马孙河流域，也有着同样的水温。在南美洲还有另一条大河——奥里诺科河，水族箱里的常客霓虹脂鲤就是来自那里。这种小型鱼类生活在鱼群中，它们不像七彩神仙鱼对水温那么敏感，但在其他方面，这两种鱼对环境的需求非常相似。需要注意的是：如果霓虹脂鲤还年幼，七彩神仙鱼却已经长大了，

有趣的事实

擦玻璃的工人

在鱼类的迷人世界里，充满了种种不可思议，让我来给你们介绍几个小趣闻：海马爸爸负责生下小海马，清道夫鱼最喜欢清洁玻璃，所以几乎在每个水族箱里都能看见它们的身影。慈鲷会把鱼卵含在口中孵化，幼鱼在遭遇危险时也会躲藏在亲鱼的口里，当然这只限于幼鱼还足够小的情况下。

你能认出我吗？请允许我进行一下自我介绍：我就是尼莫。不过，我真正的名字叫海葵鱼或者小丑鱼。

小霓虹脂鲤极可能沦为七彩神仙鱼的"盘中美食"。只有事先进行全方位充分考虑，才能让鱼儿们玩得开心，让水族爱好者们养得尽兴。

适合新手的水族箱

如果想在养鱼上慢慢积累经验，从迷你水族箱开始，或许会是一个很好的选择。选择一种小型水族箱，通常水族馆员工会事先为你完整配备合适的植物和动物。人们大多会在迷你水族箱里饲养虾类，它们外形美观，对生活环境也没有苛刻的要求。尽管如此，作为新手，你还是需要对它们悉心照顾。虽然已经安装了过滤器，依然要对水族箱进行定期清理，仅这一项就意味着超大的工作量，需要耗费不少时间。此外，还有一点至关重要：请不要购买在野外被捕捉的动物，只购买本国水族爱好者们培育的水族动物！

➡ 创造纪录
150 万欧元

据说这是全世界最贵锦鲤的价格。锦鲤是世界上最值钱的鱼——特别是如果它已经到了一定的年龄，并且拥有了美丽的斑纹。丹顶锦鲤在日本尤其受欢迎。它通体白色，头顶中央有一块红色圆斑。

花园池塘里的日本锦鲤

锦鲤是一种名贵的大型观赏鱼，是金鱼的亲戚。它们在日本很受欢迎，其他各国的人们也越来越多地在池塘里饲养锦鲤。聪明的锦鲤证明了鱼头一点都不愚蠢，它们可以辨认出自己的主人，也会对主人非常依赖。

大多数鱼类都不喜欢独处，群居鱼类尤其需要同类的陪伴，它们还需要足够的空间和丰富多彩的生活环境。所以，要经常给鱼儿们改变一下水族箱里的样貌。如果把金鱼困在一个小小的玻璃缸里，它会觉得百无聊赖，只能一圈又一圈地游动，这无异于虐待动物！

🐟 正确

🐟 错误

饲养箱里的动物们

人们通常将不源于当地的动物物种称为外来物种，其中一些种类的动物必须在饲养箱里才可以生活。借助饲养技术设备，饲养者可以在狭小的空间里，模拟适宜动物生存的气候条件，让动物在饲养箱里休养生息。例如蝎子需要非常干燥的环境，与此相反，来自热带地区的许多蛇类则喜欢潮湿的空气。饲养这些外来物种的前提是，主人必须对它们的习性非常了解。然而，人们很容易低估饲养这些动物的困难程度，有时候还会低估大型爬行类动物的寿命或者体型。

蛇喜欢温暖的环境

蛇类是变温动物，对温度有着特定的要求，所以饲养箱里必须调节到它们适应的温度。不同种类的蛇对环境的需求也有所不同。有些蛇，比如玉米锦蛇或王蛇，要求不高，更容易饲养，也相对无害，因而比较适合新手。在中国，如果想要饲养毒蛇或者大型蟒蛇，需要向相关部门申请许可证。申请人必须证明自己熟悉这些蛇类的习性，并且可以为它们安排顺应其自然需求的住所。

乌龟喜欢在花园里四处爬行，所以需要你注意看管，最好是能设置一个安全围栏。因为它们爬走的速度比你想象的要快，一旦走丢，就很难再找回了。

不可思议！

蛇类并不需要很多的食物，因为它们是变温动物，体内没有自动调节体温的机制，能耗相对较少。在极端条件下，它们甚至可以长达两年都不吃东西，当然，这不太利于健康，所以如果进行人工饲养，人们不应该这样对待它们。

给鬃狮蜥喂食的时候，可以把食物放在手上，这样它们就会慢慢适应和人类相处。当然，这需要耐心。

乌龟：它们比你想象的要敏捷

　　和所有变温动物一样，在天气暖和、阳光充足的时候，乌龟爬行的速度更快。事实上，并不是所有的乌龟都爱好和平，比如真鳄龟和拟鳄龟，它们的鼎鼎大名早已暴露其凶猛的习性。赫曼陆龟很适合新手饲养，它们喜欢在花园的户外围栏里度过春季与夏季，但也需要人们为它们提供可以藏身的地方。如果花园里还生长着许多可供它们食用的野菜，那就更好了。当秋季来临，白天愈发短暂且寒冷时，陆龟早已在体内储备了足够的能量，它会逐渐停止进食，准备进入深度冬眠状态。现在它们需要找到一个温度能保持在大约 8 摄氏度的隐居处所，这个地方就在……猜对了！冰箱里。人们需要准备一个盒子，在里面铺上一些软软的材料，以便它们能将自己埋在里面。选择花园里的土即可。随后，陆龟就会陷入深度睡眠状态。在冬眠的过程中，动物绝对不能被打扰，因为每次中途惊醒都会消耗大量的能量，甚至会威胁到它们的生命。

迷你龙：蜥蜴与鬣鳞蜥

　　鬃狮蜥、伞蜥和鬣鳞蜥越来越受到人们的欢迎。但和其他外来物种一样，饲养它们也需要投入大量的精力。为了满足它们的生存需求，人们需要具备关于每种动物的详尽知识。饲养它们的技术设备往往也非常昂贵。人们通常认为鬃狮蜥很容易饲养，但如果要给一只鬃狮蜥买一个中等质量的大尺寸饲养箱，起码就要花费近千元人民币。其中包括了加湿器、取暖灯、

(1) 捕鸟蛛非常迷人，虽然它们看上去毛茸茸的，但绝对不适合搂抱。
(2) 壁虎比较容易饲养，也很适合进行观察。

可加热的水盆，还有供它们藏身的住所。饲养鬣鳞蜥的话，还要另外购买洒水设备和加热垫。这些动物的平均寿命约为 15 年，所以如果决定购买它们，一定要事先好好考虑，做好长期饲养的准备——当然，不仅仅是它们，饲养任何动物都需要这样。

在人们看来，玉米锦蛇是一种很好养的动物，它们适合作为大龄儿童的宠物。

人类最早的朋友

作为人类最忠诚的伙伴，狗长期以来与人类共同生活，密切相处。人们教会了它许多事情，让它协助我们的工作，保护我们的安全，守卫我们的财产。通过适当的训练，借助灵敏的嗅觉，狗可以追踪气味，因而不仅可以寻找失踪者，也可以找到藏匿的罪犯。但是，狗本质上依然是一种捕食者，狼的野性尚在其体内沉睡着，体型最小的吉娃娃也同样如此。不过，只要人们正确对待，无论是狼，还是大小不一的狗，都无法对人类构成威胁。让狼在大自然自由生活，不要去打扰它们。也请友善地对待每一只狗，它们会成为我们的朋友。没有任何一只动物生来就是凶恶的，有时是人类让其变成了恶狠狠的模样，比如遭受了恶劣的对待，或者没有被告知在人类面前应该如何表现，以及如何与人类友好相处。所以，我们应该为狗提供一个充满爱的环境，并且悉心抚养，好好教育它们。

拥有职业的狗

狗品种繁多，据估计，全世界大约共有800种。按照人类培育目的的不同，它们可以被分为不同的类别。大多数狗曾经有过或者仍然从事着某些职业。比如，腊肠犬和威玛犬都属于猎犬。牧羊犬顾名思义，会放牧绵羊。无论是德国牧羊犬、比利时牧羊犬，还是各个品种的柯利犬，都属于牧羊犬大家族。土耳其的坎高犬和它们不同，属于家畜看护犬，能在容易被狼和熊袭击的地区帮助人类守护绵羊与山羊。人们培育出了各种能力不同、特征各异的狗，以辅助执行各种任务。即使它们现在不再参与工作，或是在某个城市家庭里安然度日，也依然保留了许多与生俱来的特性。这解释了为何不同品种的狗之间存在着如此大的差别。

(1) 最初，人们培育牧羊犬就是为了放牧山羊与绵羊。(2) 拉布拉多其实是一种猎犬，但它们也经常被训练成协助犬。它们喜欢帮助人类拿取物品，因而非常适合帮助有行动障碍的主人，比如拉轮椅，或是拾起掉在地上的物品。

狗的世界丰富多彩：它们体型有大有小，毛发也有多有少。它们中既有纯种犬，也有各种各样的混血儿。

博美犬

骑士查理王猎犬

喜乐蒂牧羊犬

长毛腊肠犬

拉布拉多猎犬

狗需要什么?

狗需要运动，需要与同伴一起外出散步，还需要一个群体，一个家庭。狗每天都需要外出活动，并且需要学习许多事情，比如，在主人召唤的时候，能马上跑过来，不过，外出的时候要套上牵引绳。虽然大多数狗都喜欢小孩，但它们通常只服从某个特定的领导者，所以教育狗是领导者的分内职责。你肯定也只在父母要求你收拾房间的时候才会照做，而不会听从兄弟姐妹或者某个朋友的话吧?

如果遇到一只狗，你应该怎么办?

1 如果你想抚摸它，一定要先询问主人。少数的狗不喜欢小孩，可能因为它们曾经被小孩捉弄过。还有一些狗可能会因为害怕而咬人。

2 直接询问主人，你是否能摸它。如果主人允许，放松点，慢慢地接近它。

3 先向它伸出你的手，让它闻闻你的气味。狗可以从气味中闻到很多信息，比如你是否紧张，它甚至还能知道你早餐吃了什么。

4 现在交给狗决定吧。它可能会邀请你一起玩耍，或者希望得到你的抚摸。

腊肠犬是一种猎犬，负责驱逐狭洞内的狐狸或獾。它体型较小，在洞里只能自食其力，独自做出决定。这也是它性格比较固执的原因。

➡ 你知道吗?

众所周知，狗的嗅觉非常灵敏。然而，狗能否顺利追踪气味，也和它的耳朵有关。耳朵长且下垂的狗会在奔跑时把周围的空气扇到鼻子前，这样就可以吸入更多的气味分子，并且哪怕是最细微的气味痕迹，也可以更好地感知。

英国斗牛犬

年幼的巴哥犬

法国斗牛犬

中国冠毛犬

比韦尔约克夏梗犬

可卡犬

静悄悄的 捕猎者

几千年来，猫都与人类生活在一起，不过它的外表几乎没有什么改变。在内心深处，改变则更少：从始至终，它都是天生的捕猎者。与狗不同的是，在奔跑时，猫会收起自己的爪子，依靠脚爪上的肉垫悄无声息地行走。猫并不像狗或者狼一样对猎物紧追不舍，而是静悄悄地接近猎物，甚至有时会连续几个小时都在某处潜伏。猫的嗅觉可能没有狗那么灵敏，但它的耳朵与眼睛却像高性能仪器一样精准。猫可以灵活转动自己的耳郭，以捕捉最细微的声音，还能准确定位声源的位置。所以，猫可以知道雪层下面的老鼠到底藏在哪里，然后成功捕获它们。

智力超群的猫

因为无法像狗一样被训练，因而有些人认为猫不太聪明。事实上，猫只是非常独立，因为它生来就不喜欢成群捕猎，而更偏爱独自行动。通过人类的驯化，许多狗都逐渐具备了一些特定的习性，可以与人类合作。但猫截然不

捕 猎

猫非常喜爱捕猎，尽管对老鼠来说，当然是一点都不好玩。所谓"本性难移"，即使食物充足，猫也不会停止捕猎的。

对猫来说，装了防护网的阳台与猫抓柱简直就是充满乐趣的小天地。虽然如此，它看起来似乎还是很不开心。

通过嘴边与眼睛上方的长须，猫可以感知周围环境中轻微的气流变化。

同，因为它的工作——抓老鼠——一直都是自己独立完成的。当然，并非所有的猫都是"独行侠"，在农场里生活的母猫也常常与自己的姐妹们一起抚养后代。猫喜欢被我们抚摸，也享受人类对它们的喜爱，但绝不会为了讨人类的欢心而"谄媚屈尊"。虽然它们很容易就能听懂"坐下"和"躺下"的指令，但它们只会在自己心情颇佳，或是需要奖励时，才会回应。尽管如此，猫仍然是一种"智商超群"的动物，科学家们发现猫甚至会数数——它至少可以从一数到五呢！

猫想要什么?

有些猫不喜欢外出，享受室内生活，并且甘之如饴。有一些猫则非常向往外面的世界，但对它们来说，随时都会有被车撞到的危险。所以，如果你家住在街道边，就应该选择一只不太渴望自由，可以放弃户外活动的猫。室内猫需要人类的关注，并且最好是两只一起饲养，这样没人在家的时候，它们就可以一起玩耍，相互陪伴。

切勿模仿！

即使被抛到高空中，猫也总能四脚着地，这是由于它们拥有翻正反射技能。下落时，猫会沿着自己的身体轴心旋转，使四肢先着地。它们的四肢像弹簧一样，具有良好的弹性，可以起到减速与缓冲的作用。但翻正反射只适用于自然坠落高度，比如一只猫为了捕猎，自己爬到高处，那么在失足跌落时，可以保证自己不受伤害；但如果是凭借自己的力量无法爬上去的高层建筑，即使大自然赋予了猫如此令人难以置信的巧妙技能，它们也无计可施。

（1）猫的睡眠时间很长，然而一旦醒来，它们就会想要进行娱乐活动。对它们来说，所有的游戏都属于捕猎游戏，它们要么在玩"猫抓老鼠"，（2）要么就在某个隐蔽之处玩"躲猫猫"。如果看到有什么东西在动，猫就会猛地冲出来，飞扑上去，一下抓住。虽然，这个想象中的猎物可能只是主人的腿而已。

这是我的袋子！你要是胆敢伸手，我就让你见识一下我的爪子有多锋利。

这世界上的 幸福……

埃克斯穆尔马

这种体型小巧、体格强壮的马居住在英国的埃克斯穆尔国家公园，如今仍然过着半野生的生活。

人们常说，这世界上的幸福在马背上。这句俗话流传自人们还无法开车，更不可能乘坐飞机去往远方的时代，那时的人们都骑马出行。

以前为了工作，现在为了休闲

几乎没有一种动物像马一样，如此深远地影响了人类历史。如果没有马匹，即使是像亚历山大大帝或成吉思汗这样的伟大军事统帅，也无法踏出自己的领土，征服庞大的帝国。同样，在农业生产中，如果没有重型马匹帮助人类拉动车辆与犁具，就无法实现大规模的种植。直到 20 世纪 50 年代，马都一直是人类广泛使用的役畜。在许多国家，直到今天，人们的日常生活依然离不开马。无论是小型马，还是大型马，现在人们饲养的主要用途就是将它们作为休闲时的伙伴，许多人最大的梦想就是拥有一匹属于自己的马。

马需要什么？

马是一种喜爱奔跑的群居动物，它既需要同类，也需要广阔的活动空间。此外，它还需要医疗护理，每 6 至 8 周需要请蹄铁匠给其更换马蹄铁。再加上购买饲料的开支，养马的花费相当昂贵，每月至少需要人民币 5000 元。一旦马生病了，花费还会更多。如果你想找到一种更经济实惠的方式与马共度休闲时光，那么可以考虑去骑术学校。在那里，你可以从学习骑马开始，在此过程中，你要确定，骑马是否真的可以给你带来乐趣。如果真心喜欢，你可以选择租借一匹马。如果能遇到既擅长骑马，又能够悉心照顾它的可靠主人，马主也会感到非常高兴。

高 84.6 厘米

高达 200 厘米

➡ 你知道吗？

在所有品种的马中，体型最小的是法拉贝拉马，体型最大的是夏尔马。

骑马无小事

如果想要学习骑马，那么恭喜你可能选择了一项难度极高的爱好。要想充分掌握骑马术，你需要具备良好的身体平衡能力和控制能力，还要有毅力与勇气。俗话说得好："没有哪个骑手会从天上掉下来，倒是经常有骑手会从马上掉下来。"

在每次骑马前，都必须先清洁马的皮毛。如果马背上留有污垢，套上马鞍后马背很容易被磨伤。

在德国北部的某些北海岛屿上，比如尤伊斯特岛，依然没有汽车。直到今天，那里的人们都还在使用马车，或者骑自行车外出。

卡马尔格位于法国南部，那里的马至今仍处于半野生的生活状态，可以相对自由地到处奔跑。特别的一点是：这些马全身都是白色的。

马术三项赛

花样骑术赛、越野赛和场地障碍赛都属于马术竞技项目，也被称为马术三项全能赛。比赛规定，选手需要着浅色马裤，外加黑色马靴和运动外套。如果天气非常炎热，如同上图所示，可以省略外套。按照规定，最重要的装备是必须佩戴的头盔。

无比灵敏的
超级感官

在几乎完全黑暗的环境中，猫仍然可以看清周围的事物。狗可以感知微小的气味分子，所以非常善于追踪气味。鸽子在几十万米之外仍然可以找到回家的归途。其他各种宠物也有许多不太为人所知的能力与特点，同样非常精彩。

感觉毛

脸上的触须：它们长在猫的嘴巴周围以及眼睛上方。

额外的感官

猫的脸上长有触须，其他一些动物也有类似的毛发。它们被称为感觉毛，作用如同高灵敏度天线，动物们可以由此捕捉空气气流与周围最微小的振动。猫的每只耳朵上有 27 条小肌肉，这样它就可以灵活控制两只耳朵，甚至可以旋转 180°。同时，猫的耳朵可以左右开弓，同时听见自己左边与右边正在发生的事情，这就好像你在使用右耳听一本有声读物的同时，又在使用左耳听老师讲课——而且都听进去了。猫能听见我们人耳通常无法听见的超声波，如果老鼠发出吱吱声，灵敏的猫会转动耳朵，确定老鼠的位置。即使是藏在雪层底下的老鼠，也无法遁形。

八齿鼠与毛丝鼠的绝招

毛丝鼠拥有非常厚实且浓密的毛，如果野外的猛禽试图伸出利爪抓住毛丝鼠，它或许只能捞获几簇毛，因为这只被觊觎已久的"盘中美餐"擅长迅速脱掉身体的部分毛发以保护自身。毛丝鼠还有一个防御绝招，它会喷射尿液袭击捕猎者。除此之外，尿液还有其他重要用处。许多动物都会利用尿液传递重要信息，同类可以通过尿液划分领地，或是接收雌性已经做好交配准备的信号。对于八齿鼠来说，尿液还有一种特殊意义：它们可以在黑暗中看见闪光的尿液。如果尿液新鲜，会包含能反射紫外线的成分。八齿鼠可以感知紫外线，所以在夜晚就能轻易看到，而我们人类则不行。

八齿鼠

借助特定的紫外线灯，我们也可以看见黑暗中闪光的尿液。

吐舌头

蛇类通过分叉的舌头感知气味来源。

用舌闻味的蛇类

这条蛇把舌头伸到嘴外，上下摆动它那分叉的舌尖，再收进嘴里。在我们看来只是简单地"吐舌头"，蛇却将借此捕捉到的气味分子传递给口腔内的某个特殊器官，也就是犁鼻器。许多动物都拥有这个器官，不过我们人类没有。蛇会借助犁鼻器辨识猎物，比如判断在它面前活动的东西到底是不是一只美味的老鼠。不过，嗅觉极为灵敏的蛇并不具备听觉。

超级鼻子

狗的嗅觉非常灵敏，但它们之间也有高下之别。嗅觉方面的世界冠军是寻血猎犬。如果它发现了某种气味的痕迹，可以比其他任何狗都更持久，并且更精确地追踪这种气味。比如，如果寻血猎犬闻到某个小偷身上的气味，就算小偷乘坐直升机出逃，它都可以在地面上奔跑追踪。直升机窗户打开的一条微小缝隙就能"泄漏"小偷身上的气味分子，对于寻血猎犬来说，完全足够了。

1 三维视野：两眼视野重叠的部位。
2 二维视野。
3 盲点：动物必须转动头部，才能看见。

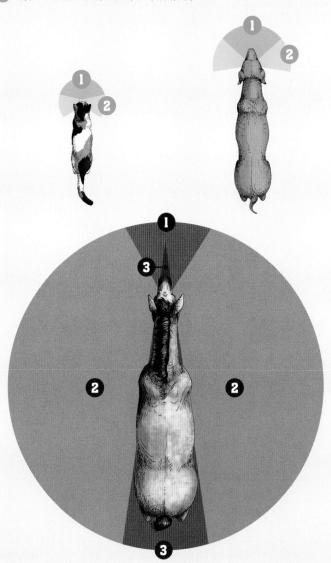

对于猎物来说，视线尽可能覆盖四周非常重要，这样才能不那么容易遭受捕食者的突然袭击，所以眼睛分别位于头部两侧的动物十分有利。马所看见的前方视野与人类相似，除此以外，它的左右眼还可以查看侧面的动静。做个小小的实验吧：闭上一只眼睛，试着从书桌上拿起一支笔，这就是马、八齿鼠和老鼠所看到的侧面视野。现在，举起一只手臂，向后伸，然后摆动手指。你可以不转动头部看见身后的手指运动吗？不能吧？兔子和豚鼠却能看见身后的情况。对了，虽然身为捕食者，猫也可以看见后方。事实上，猫有时也会沦为猎物，因为野外存在着太多体型比它大得多，体格也强壮得多的食肉动物。所以对猫来说，准确掌握周围环境，知悉风吹草动，也是非常有用的。

真的是聪明极了……

里科熟悉上百种玩具的名字。根据人们的指令，就可以准确拿取。

许多猫都学会了开门。它们知道必须先按下门把手，跳起来，抓住把手，利用身体重力下压，然后顺势推开门。真是太聪明了!

➡ 你知道吗?

鸟类的大脑在身体中所占的比例很小，因而一度被认为是智商不高、非常愚蠢的动物。现在人们知道，鸟类非常善于利用它们的迷你大脑。有些鸟类会使用工具，鹦鹉还可以准确地完成拼插游戏。当然，乌鸦其实也可以做到，如果它们愿意一试。

不久之前，人们还觉得动物非常愚蠢。科学家曾经认为，动物的大部分行为模式都是与生俱来的，这些行为模式被称为本能，它们使动物几乎像电脑一样，只执行某种既定的生物程序。现在，相关科学已经证明，许多动物都拥有类似于人类的感情，并且它们必须不断学习，从而顺利地生存下去。它们非常聪明，能记住相关知识，也拥有创造性思维。关于动物智力的研究也越来越多，人们正在不断地刷新自己对动物的认知。

练习造就聪慧

和人类一样，动物的某些行为模式也是与生俱来的。但它们仍然需要不断学习和反复强化，比如小猫必须从猫妈妈那里学习如何捕捉老鼠，然后不断练习这项技能。动物还能学习许多其他事情，比如怎样打开垃圾桶盖子——如果它可以通过这种方式找到食物。公园里的乌鸦就经常在垃圾桶里觅食，家中的宠物狗也会在厨房"下手"。还有些动物弄懂了怎样开门，这样它们就能顺利逃脱密闭空间。就连幼马，也跟着成年马学会了这招，因而马主人必须想出很多对策，避免马儿们"私自"打开马厩或围栏的门。

智力大比拼?

猫妈妈总是隔一段时间就带着小猫们举家搬迁，这样可以尽量低调藏身，避免遭到伤害。搬家时，猫妈妈会把小猫一只接着一只地从旧家衔到新家。母猫平均一胎会生五只幼崽，如何确保所有的孩子都到达了新家呢? 猫妈妈必须学会计数。狗就不具备这项技能，但在打开锅盖寻得锅中美食这方面，狗要胜猫一筹。在另一项测试中，猫是绝对的赢家：如果在它们前方放置一面带孔的木墙，通过洞孔可以看见最终的奖励，猫会立马绕过墙，顺利获取，但大多数的狗都只会站在洞孔前踌躇，全然不知还有绕道的方法。猫和狗谁更聪明？只能说各有专长。而且在智力测试中还有一些其他影响因素：以猫为代表的一些动物总是太有个性，对测试漠然不理，宁愿趴下打个小盹。而且，在同类动物中智商也有高低，单个动物的智商无法代表整个群体。

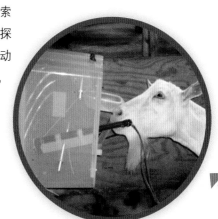

不可思议！

可以认出镜子里的自己的动物真是聪明极了。海豚可以做到这一点，黑猩猩和鹦鹉也行，而猪不但可以认出自己，如果在镜子里看到远处的食物，还知道要转身寻获。它们会转过身来，跑向食物，甚至还可以绕过障碍物，找到食物的准确位置。

好奇心对于生存至关重要

我们的宠物都充满好奇，总是热切地探索周围环境，学习各项事宜。如果没有了可供探索的新事物，它们很快就会感觉无聊，有些动物还会因此生病。在野外，好奇心非常重要，只有充分熟悉环境，动物才能找到藏身之处和活命口粮。

母牛能够学习怎样使用喂食机，还知道如何启动按摩刷。

马用舌头按开门上的锁闩，再用嘴推开门，就获得自由了。

超强记忆力

山羊的记忆力很好，人们用食物进行实验，有力地证明了这一点。在实验中，山羊要学会用鼻子按下若干杠杆，这样才能从喂食机里获得食物。若干次之后，人们移除了这个装置，十个月之后，又重新在羊厩里装上了这个装置。山羊们只看了一眼，立马就能回想起它的工作原理。不仅是山羊，牛、马和驴也拥有超强记忆力，它们可以认出分别几年的同类朋友，在重逢时，会主动上前热烈问候。

动物也有职业

几乎每一种家畜都具有某种超越人类的特殊技能：狗拥有敏锐的嗅觉，猫可以消灭老鼠之类的害兽，驴、马则可以拉运或者驮载重物。人们为了将动物的优点为自己所用，不断驯养它们，教会它们如何与人类合作。

➡ 你知道吗？

人们训练出许多专门用于搜救工作的搜救犬。如果某只腊肠犬不小心卡在了狐狸洞或管道里，而且主人一无所知、无能为力的话，就可以派受过专业训练的狗进行搜救。

猫是夜行性动物。每到夜幕降临，捕猎就开始了。

农场守护者

在农场生活的猫会履行几项非常重要的任务：它们不仅能阻止老鼠进入粮仓，还能通过捕捉老鼠，使牲口棚里的动物们保持健康。因为在老鼠的尿液里，潜伏着一种被称为钩端螺旋体的病原体，一旦混入饲料，会使马、牛纷纷病倒。不仅如此，钩端螺旋体还会让人类生病呢。

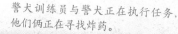
警犬训练员与警犬正在执行任务，他们俩正在寻找炸药。

被鼻子牵着走

警犬能够帮助警察寻找某些特定物质，比如毒品。某些警犬甚至受过特殊培训，能够找到隐藏在汽车或行李箱里的现钞。对狗来说，寻找失踪者、罪犯或者炸药，其实都是一回事。最重要的是，每次顺利完成任务后，它都能够得到奖励。除了追踪罪犯，狗还会寻找菌类。在法国，人们会训练狗在森林土壤中寻找一种非常珍稀的菌类——黑松露。当然还有一种动物也可以优秀地完成这项工作——训练有素的"寻松猪"。

拉运、驮载、拖曳

马，尤其是体格强壮的重型马，可谓力大无穷，它们甚至能够拉运超过自身体重的重物。阿登马是一种来自比利时的重型马，它可以拉运重达1吨的物品。在过去，马是人类农业生产中的重要帮手。直到今天，有些马仍然勤恳地坚守在工作岗位上，它们负责把粗重的原木运出森林——特别是在那些运输车无法行驶的崎岖之地。身形轻小且奔跑飞快的马更适合作为坐骑，它们在骑警队管控大规模人群的秩序时能发挥独特的作用，比如面对大型足球赛时不同阵营的球迷。在某些地方，牧牛人依然骑着马，在广阔的草地上放牧牛群，或是指挥牛群聚集，比如我们熟知的美国西部牛仔。如今，虽然马匹也会被摩托车或者直升机取代，但我们依然能看到牛仔们骑马牧牛的矫健身影。

在需要照看牛群，或者从森林里拖运出原木的时候，有了马匹的帮助，一切都简单多了。

高山向导带着领头的动物走在前面，其他动物紧随其后。

其他国家，其他动物

如今，许多工作都交给了机器。但机器不是万能的，而且往往价格昂贵。在南美山区，当地原住民仍然在使用美洲驼和羊驼运输重物。另外，这些动物还能给人们提供质量优良的皮毛。

驴的价值等同黄金

在非洲的某些贫困地区，是否拥有一头驴是当地人区分小康与赤贫的重要标准。如果拥有一头驴，就可以将货物运到市场售卖，还能为其他人提供运输服务，借此运营一个小型的运输公司。此外，在这些地区，水也往往必须从几千米之外运输过来。妇女通常负责取水，但相比于人力，驴可以驮载更多的重物，也可以运至更远的地方。这样，拥有驴的妇女就可以通过卖水赚取额外的收入。通常，只有拥有一头驴，父母才能攒够钱，担负一个孩子上学的费用。

驴背着水桶，负责运输当地人的日常用水。

有趣的事实

发船前，带上猫

当水手乘船在世界各大洋航行数月，甚至数年时，他们会在船上储备大量食物。为了保护这些口粮不被老鼠啃食偷吃，某些国家制定了相关法律，禁止未配备猫的船只离开港口。猫会负责捕鼠，确保船员不会因食物匮乏而饿死。

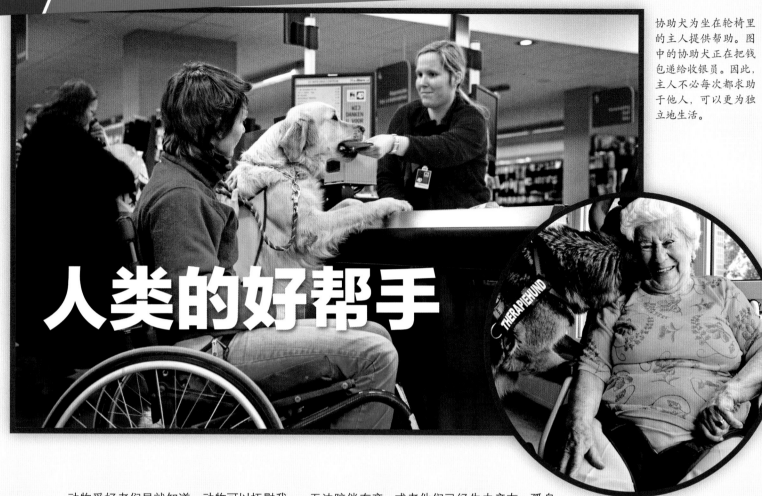

协助犬为坐在轮椅里的主人提供帮助。图中的协助犬正在把钱包递给收银员。因此,主人不必每次都求助于他人,可以更为独立地生活。

人类的好帮手

治疗犬为这位老太太带来了温暖,她显然非常高兴。

动物爱好者们早就知道,动物可以抚慰我们的心灵。大量事实证明,动物辅助治疗可以帮助人类恢复健康。然而,这种积极的作用究竟来自何处? 科学家们曾试图探明这个问题的答案。他们发现,如果我们抚摸自己喜爱的动物,身体就会分泌激素。激素是一种在我们体内传递信息的物质,催产素是其中的一种,它对我们的免疫系统和心脏有益,还能安抚和放松我们的神经,甚至能帮助我们更好地与他人沟通。这整个运行机制相当复杂,我们先看看几个简单的例子吧。

医院和养老院里的动物访客们

躺在医院里的人们经常整日百无聊赖,在忍受无聊的时候,他们还被病痛折磨。在养老院生活的老人们也需要面对同样的境遇。他们之所以失去生命的活力,其中一个原因是家人无法陪伴在旁,或者他们已经失去亲友,孤身一人。为了给病人、老人带去一丝喜悦和激动,陪他们出去散散心,一些爱心人士会主动拜访,甚至还会带去可爱的动物。面对这些让人备感新鲜的小东西,医院和养老院里的人们会感到非常高兴。他们可以抚摸动物温暖的皮毛,彼此之间也会增加可以闲聊的话题。

骑马疗法

坐在马背上,让马背着人轻缓地走动,不仅能给骑马者带来非常舒适的感受,也能锻炼其平衡感。马的体温可以帮助人们放松紧张的肌肉,因此在人们罹患一些疾病时,马可以提供各种帮助。而且,对于病人来说,在马背上接受运动疗法,可比在诊所里做复健运动有趣多了。

骑马疗法是世界上最古老的动物疗法之一。在治疗中提供协助的马受过专门训练,就算是小孩在背上玩耍嬉闹,它也会保持安静与友善。

人们牵着美洲驼散步。美洲驼与羊驼都可以帮助人们，在运动疗法中就会用到。

工作中的协助犬

你有没有看过《导盲犬小 Q》这部电影？它取材于真实的故事，讲述了导盲犬小 Q 的一生。在这部电影中，小 Q 为中年失明的渡边先生服务，在渡边去世后，它回到训练中心，成了一只示范犬。

导盲犬也属于协助犬，它们已经学会了帮助视障人士完成某些任务。导盲犬可以带着主人安全地过马路，也可以帮助主人找到寄信的邮筒，或是把主人带到公车空位旁。为此，它们必须学会区分多种多样的口令，比如"找座位""找楼梯"等。导盲犬的训练时间较长，有时需要长达两年。被挑选为导盲犬的狗必须具备聪明、自信与临危不乱的特点，因为即使身处大城市的喧嚣与忙乱中，它们也不能失去冷静。同时，视障人士也必须学习信任导盲犬，跟着它行动。你可以和你的朋友尝试一下——但只限于安全的地方。把你的手搭在朋友的前臂上，闭上眼睛。现在他必须照顾好你，比如避免你撞到围栏上。你也要好好配合，既不能干扰你的朋友，也不能使他失去平衡。这对双方来说都不太容易。人与狗进行合作的前提是良好的训练与磨合，这样双方才能彼此信任，建立亲密的关系。

> 如果我被套上牵引绳，那说明需要进入工作状态，任何事情都不能让我分心！

这只导盲犬正在帮助它的女主人爬楼梯，但它也要学习在某些情况下拒绝执行指令。比如，在遭遇危险时，即使主人下令"往前走"，也要进行"机智的违抗"。

在狗的陪伴下，阅读也事半功倍

很多孩子都会面临阅读障碍的问题。有的孩子擅长唱歌，有的孩子擅长解题，但他们可能在完成其他事情上存在困难，比如阅读。有些孩子无法连字成词，而且越是努力尝试，可能效果越糟。当他们被要求当众大声朗读时，尤其会感到尴尬和紧张。如果这时有一只小狗陪伴他们，一切可能就不同了。狗根本不关心你读得快不快，对不对，好不好，因为小狗自己也不会阅读，甚至连什么是阅读都全然不知。小狗喜欢每个孩子本真的样子，不会以外表美丑或者能力大小来进行评判。

把爱好变成职业

成千上万的人们都在和动物一起工作，或者为动物提供服务，他们会负责保护动物，照顾动物，或者教导、培训动物。可以说，只要是与动物相关的一切，他们都处在第一线。其中有些职业需要去大学进行专业学习，还有一些职业则是学徒传授制。下面将为你介绍其中的一小部分。

"请微笑一下"

动物摄影师对着动物轻轻说道，但这必然无济于事。顾客付费给动物摄影师，是为了请他为自己的狗、猫、马，甚至老鼠拍摄美丽的照片。摄影师有合适的摄影条件，比如一架高性能照相机、一个工作室，以及许多动物拍摄经验，知道如何让它们在照片中呈现最佳的一面。比如拍狗的一个小诀窍就是在镜头上面放一个小零食，这样狗就会兴高采烈地看着镜头方向。动物摄影师必须拥有强烈的共情能力，让照片上的动物看上去快乐自信，而不是百无聊赖，甚至充满恐惧。摄影师还必须能敏锐察觉，动物是否感到厌倦，或者是否需要休息。辨别动物情绪是这项职业中最困难的一点，但也是最重要的。

在动物园里

动物园管理员的工作是妥善照顾他所负责的动物。每位管理员都有自己负责的

换个角度

在大多数情况下，如果摄影师与动物处在同一水平高度，拍出来的照片一定非常美丽。不过，这位摄影师正在尝试一个不寻常的仰视角度，想必这张照片也棒极了！

➡ 你知道吗？

几乎所有与动物一起工作的人，都必须做好有时要在周末或者晚上工作的准备。因为动物随时随地都需要被照顾，而不只是周一到周五的白天。

动物园管理员负责清理兽栏，给动物喂食，以及教动物学习一些小把戏。

马术特技演员必须非常善于与马打交道，要完成这些特技，还需要具备极大的勇气和良好的体能。

片区，比如负责大型猫科动物区的管理员，就在这个区域内工作。管理员的工作内容包括给动物喂食，检查它们的身体情况，当然还有一些比较枯燥的工作，比如擦拭饲养箱或水族箱的玻璃。所有的动物都会排出大量粪便，清理兽栏里的粪便也属于管理员的分内工作。尽管工作繁忙，管理员通常还是会抽空教动物们一些小把戏，或者训练它们如何配合兽医的治疗。

"好了，开拍！"

电影拍摄时，动物训练师会给动物下达指令："现在你要认真工作了！"摄影师调好摄影机焦距，一收到指令，狗就会跑向演员，飞扑在他身上，然后把他推倒。电视机前的一些观众可能会在心里嘀咕："这只狗可真是没教养。"但这正是导演希望达到的效果，这些动作也是训练师教它做的。因为这只狗也是电影演员，能够根据命令，完成相应的动作。还有许多其他动物也会担任电影演员，比如猫、兔子、马，甚至狼和熊，而动物训练师的工作就是负责训练它们。那些与马共同工作，并能在马身上做出大胆特技动作的人，我们称之为马术特技演员。

照顾动物的人

动物既需要被照顾，也需要能承担照顾责任的人。在动物收容所里，许多动物都在等待着被新主人带去新家。在找到合适的人选之前，它们必须得到专业的照顾。饲养员负责这些工作，这个职业和木匠、花匠一样，都需要通过学习积累经验。农夫负责在农场里照料动物，练马师则负责在马场里照顾和训练马匹。

知识加油站

▶ 如果仔细观察，你有没有发现，电影里的狗虽然跑到了演员身边，目光却通常看往旁边？这是因为动物训练师正站在摄像机旁，给狗下达指令。

手 语

作为电影演员，狗学会了"服从"的手势。使用手势是为了避免在电影拍摄中录入动物训练师的声音。

兽医正在往这只小猫的嘴里注射药品。这项工作并不简单，最好交由专业的兽医负责。

带宠物看兽医

几乎所有的动物都需要定期去看兽医，即使它们并没有生病。在兽医诊所，医生会给它们注射能抵抗传染病的疫苗，也会检查它们的健康状况，比如牙齿是否出了问题，爪子是否需要修剪，动物身上是否有寄生虫等不请自来的客人。兽医还会撑开动物的眼皮，仔细检查它们的眼睛，看看眼睛里的黏膜是否呈现健康的粉红色，从而可以知晓动物的身体状况。

如果动物健康，人类也会高兴

动物会生病，也会受伤，一旦遇到这种情况，就需要及时就医。兽医可以诊断出它们的身体有何不适，然后决定治疗方案，让它们重获健康。如果兽医认为动物有骨折的可能，就需要拍摄 X 光片，以确认动物关节处是否存在损伤。狗或者马一旦出现跛行的状况，八成就是关节出了问题。

有时，年幼的狗会误吞某些不能食用的东西。在检查的过程中，兽医会先让狗服下造影剂，然后使用超声扫描仪，拍摄其身体内部的图像，确认误食物品的具体位置。因为狗无法告知自己身体上的疼痛部位，兽医只能借助这些技术手段进行诊断。

你知道吗？

许多动物身上都可能有寄生虫。寄生虫非常微小，把宿主作为自己的食物来源。有些寄生虫，比如跳蚤，生活在动物身上，然后吸食宿主的血液。有些则生活在宿主体内，比如蠕虫会寄生在宿主的消化系统中，从中吸取养分，因而导致动物容易缺乏营养。如果想要帮助动物摆脱寄生虫的困扰，就要及时帮它们驱虫。

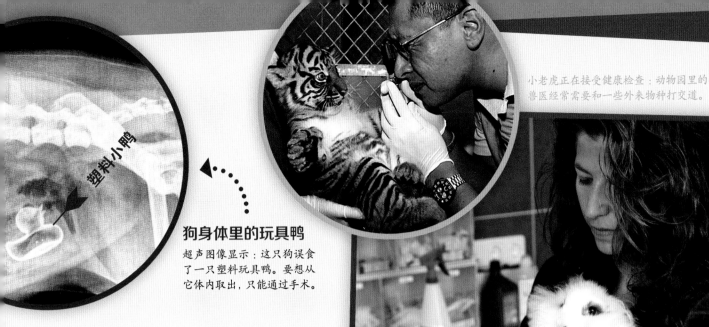

塑料小鸭

狗身体里的玩具鸭

超声图像显示：这只狗误食了一只塑料玩具鸭。要想从它体内取出，只能通过手术。

小老虎正在接受健康检查：动物园里的兽医经常需要和一些外来物种打交道。

各式各样的动物病患

治疗人体疾病的医生只需要面对人类这一个物种，而且分工细致，专门治疗不同的疾病。兽医接待的患者则各式各样，既有金丝雀，也有沙鼠，甚至还有大象，仅凭一人之力，根本无法详细了解这么多动物的病症，所以兽医通常也会有自己的专业领域。他们有的专门治疗马，有的则专为小型动物看病。同时，一家诊所往往无法齐全配备所有仪器，以诊断各种动物的疑难杂症。如果遇到罕见病例，兽医通常会把患病动物转到专门的动物医院就诊，或者交由某位专家负责。

动物不喜欢看兽医

我们身边常有一些人，一听到要去看医生，就很不开心，动物也同样如此。因为兽医会给它们打针，护士会牢牢地按住它们，而且在进行检查时还要忍受各种痛苦，所以动物很不喜欢看兽医。尽管兽医会尽量让它们感觉舒适，但有时候伤害总是不可避免的。所以动物们经常会感到害怕，试图逃跑，甚至激烈反抗，全然无法理解人们是在伸出援手。于是，为了防止狗胡乱咬人，人们会给它们戴上嘴套；为了不让猫抓伤兽医或护士的手，它们的四肢会被裹在一条毛巾里。实在无计可施的时候，人们甚至会使用镇静剂。

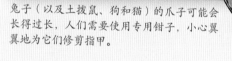

兔子（以及土拨鼠、狗和猫）的爪子可能会长得过长，人们需要使用专用钳子，小心翼翼地为它们修剪指甲。

兽医也有无能为力的时候

如果动物遭遇可怕的车祸，或者经历衰老，罹患无法治愈的重病，可能兽医都无法帮助它们恢复活力。这时，也许只能通过安乐死，让它们从痛苦中得以解脱。首先，动物会被麻醉。在它们睡着之后，兽医会给它们注射药物，使它们的心脏停止跳动。对主人来说，做出这个抉择实在是太困难了，和心爱的伙伴告别会让他们悲痛万分。然而，对动物们来说，与其继续忍受无尽的痛苦，安然去世可能是更好的选择。

在起居室里养一只美洲驼？它肯定更愿意与同伴们待在户外草地上，或者生活在牲口棚里。

需要保护的动物们

在爬虫市场，这些小动物一个个被关在小塑料盒里，供所有人随意挑选、购买。

并非所有动物都足够幸运，能够得到完全符合其自然需求的关爱和照顾。许多家庭宠物也无法在稳定舒适的环境中生活，它们常常会被主人送到动物收容所，有时是情非得已、无可奈何，但有时也是因为主人在决定收养之前低估了麻烦程度，或是外出度假时家中无人喂食、照料。幸运的是，许多人努力承担起了照顾动物的责任。动物收容所、动物之家会接收猫、狗、兔子和其他各种动物，进行悉心照顾。这些机构都秉持着这样的理念和目标：为动物找到真正关爱它们的新家庭。

体育运动中的动物

如果将骑马作为兴趣爱好，一定会非常有趣。马需要大量的运动，与它一起长途骑行，或是一同锻炼身体，是一项非常棒的休闲活动。花样骑术赛或场地障碍赛也可以给马带来无穷乐趣。不过，对于这些参加运动项目的马来说，如果运动量过大、成绩要求过高、负担过重，或者让它感到恐惧与疼痛，一切就毫无乐趣可言了。

保护动物，人人有责

每个人都可以为保护动物做一些力所能及的事。首先，当然是从好好照顾自己的宠物开始。如果你希望养一只小宠物，可以先去动物收容所看看，也许某个适合的小动物正在等待着一个新家。这样做还有另外一大优点：动物饲养员对这个小家伙非常熟悉，知道如何喂养，有哪些特殊要求，或是会为你提供许多有用的建议。当然，即使是从动物收容所领养动物，也并不一定是免费的，领养者可能需要交纳一

敏捷大赛欢迎狗狗参加，只要不是被人们强迫参赛，它们能从中享受无限的乐趣。

被遗弃的动物

动物收容所里的工作人员会尽可能好好照顾那些需要保护的小生命。但如果数量过多，动物获得的关照常常有限。

定的代理费用。这些费用会被用于照顾收容所里的其他动物，而且，这也代表着对新伙伴价值的肯定，毕竟出身收容所不代表它们低其他动物一等，只能说明之前的命运不好而已。

在日常购物中，人们做出的很多选择都会对动物们产生影响。你购买的牛奶是否来自草地放养的奶牛？鸡蛋是否产自户外围栏里饲养的母鸡？五花肉是否来自生前能够自由活动的猪？越来越多的人开始关注这些食物的来源，这意味着越来越多的动物将能得到更好的生存待遇。

一起行动，动物需要孩子们

并不是所有人都知道，其实许多动物的处境非常艰难，更让人遗憾的是，很多人甚至对此漠然视之。动物保护组织致力于让更多人改变对待动物的态度，反思自己的所作所为。一些人亲身参与到动物救助工作中，比如帮助那些流浪街头的小可怜，一些人则努力完善制度，改善动物们的生活环境。许多动物保护组织都有儿童和青少年团体，领导者也非常乐意让孩子们参与到动物保护工作中，有时还会与他们一起策划，举办活动。如果你也想为动物们出一份力，试试加入一个动物保护组织吧。

50万只
每年有 50 万只动物惨遭遗弃。

错误

运动导致的疼痛

拉紧的缰绳使这匹马不得不低着头，一直保持这个很不舒服的姿势只会给它带来疼痛。

➡ 你知道吗？

每年都有成千上万的动物惨遭遗弃。这只小狗就被人拴在高速公路旁，然后置之不理。这种行为不仅无比残忍，在一些国家甚至被视为违法行为。假如决定不再继续饲养宠物，请把它托付给一位心地善良的新主人，最起码也要尽好职责，亲自把它送去动物收容所。

错误

这些狗被直接放在汽车后备厢里贩卖。

据估计，约 **70%** 的待售幼犬都是走私的。

右图为比吉特·提斯曼与一只刚出生的幼犬，幼犬本应该待在母亲身边。

与罪犯们作斗争

比吉特·提斯曼在"四只脚爪"协会工作，她已经多次协助警方抓获非法走私商贩。

这些幼犬来自哪里？

它们通常出生于东欧，也有一些生于德国。它们的母亲被囚禁在极为狭窄的围笼、棚屋或者地下室中，得不到任何的关爱。母犬只能食用廉价的劣质饲料，并且被迫不断生育幼犬，只有这样，无良商贩们才能持续获得可供出售的"商品"。

这些狗是如何被卖的？

它们被走私到国外市场进行贩卖，也会通过网络贩售。售狗的广告语里总是充满了谎言，诸如宣称这些狗来自充满爱心的育狗者，并且身体健康，适合与人类共处。事实上，真相触目惊心。

如何识别这些谎言？

举个例子，如果卖家不想让未来的主人去他家里看狗，那就最好不要进行交易。优秀的育狗者一定会在家里妥善安置狗妈妈与小狗们，并且非常乐意请感兴趣的买家亲自去家里拜访。因为他们也想知道，新主人能否善待小狗？新主人一家是否有足够的时间照顾它？以及，它未来是否能够拥有一个充满爱心的家庭？

怎样与非法商贩作斗争？

我们经常与有关部门、专业兽医密切合作，也会给电视新闻媒体提供信息。我们会使用隐藏式摄像头，假装自己是买家，然后暗暗拍摄整个交易过程。一旦证据确凿，我们就可以和警察一起曝光这些骗子的勾当。遗憾的是，通常他们交了一小笔罚金后，就又可以为非作歹了。所以，向人们揭露这些内幕非常重要，知道了真相，人们就不会再购买来路不明的狗了。只有发现使用这些非法手段无利可图时，这些无良商贩才会收手。

恶劣的阴谋

集市上的小狗价格便宜，却通常身染疾病。

对许多人来说，动物是朋友和家人，但对另一些人来说，它们只是一桩能挣钱的生意。在一些国家，法律严格限制贩卖动物。然而让人遗憾的是，犯罪分子们总是投机取巧，试图规避法律规定，寻找能够非法出售动物的机会。

纸板箱里的鹦鹉，行李箱里的乌龟

各国法律明确规定，禁止交易受保护的野生濒危物种，除非卖家可以证明这些动物来自人工饲养。野生动物之所以可以被高价售卖，是因为有些人洋洋得意于拥有一只稀有动物。许多不法分子常常铤而走险，非法捕捉野生保护动物，然后走私到国外，高价转售。在世界上的一些大型国际机场，比如德国法兰克福机场，海关人员会派出缉私犬，专门负责检查行李，搜查濒危物种，从而抓住走私贩，解救出那些可怜的动物。

小狗不是商品

优质繁育动物需要花费许多时间、精力，当然还有大量金钱。小狗需要质量优良的饲料，还要接种疫苗，定期驱虫。此外，狗爸爸和狗妈妈也必须得到悉心照顾。但无良商贩们会把狗妈妈关押在狭窄的笼子里，减除疫苗、驱虫开支。因为小狗没有注射规定的疫苗，证件也是被伪造的，所以它们会被装到车上，偷偷运到国外。相比于优质繁育的小狗，它们的售价要更便宜，但小狗刚一到新家，就会显得异常疲惫，甚至还会呕吐，不断抓挠身体。人们经常发现，它们身上带有跳蚤，甚至因为没有注射疫苗，感染了某种可怕的疾病。买家贪图便宜，购买了价格低廉的小狗，却要为它们支付高昂的医疗费。

小猫也同样会被走私，特别是价格相对昂贵的纯种猫。

知识加油站

在刚出生的几周，小狗必须与其他狗，以及人类接触。我们称这个过程为社会化——小狗在这个过程中习得自己的语言，并且渐渐熟悉我们人类。它们观察到，自己的母亲会被人类抚摸，而且妈妈似乎很喜欢这个动作。如果小狗一开始没有经历社会化过程，就很难弥补这种成长缺失。它们会很难理解你的意图，如果你向它丢一个球，或者试图抚摸，它们会充满敌意，害怕被伤害。年幼时没有看到母亲被人抚摸的舒适和欣喜，自然无法理解人类的这种善意。

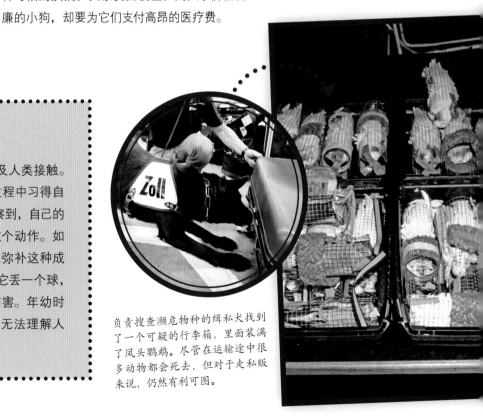

负责搜查濒危物种的缉私犬找到了一个可疑的行李箱，里面装满了凤头鹦鹉。尽管在运输途中很多动物都会死去，但对于走私贩来说，仍然有利可图。

重获自由

我们把野生动物驯化为家畜，并让它们远离自然的生存环境。有些重获自由的家畜回归自然依然能适应，但大多数经过驯化的家畜已经无法适应野外生活。

北美野马的神话

在 19 世纪，上百万匹野马在美国大草原上四处迁徙，人们称之为北美野马。野马的英文名为"mustang"，它源于西班牙语的"mestengo"一词，意思是迷路的动物。当哥伦布乘船抵达美洲之后，许多征服者与殖民者随之而来，第一批马也从西班牙运往美洲。他们用船运输马匹，其中有些马成功逃跑或者被人们释放了，于是它们开始在野外大量繁殖。但农夫们希望把草原上的草留给自己饲养的牛吃，所以北美野马变得不太受欢迎，常常被人们抓捕。现在只有大约 3 万匹北美野马在野外过着自由的生活。在其他国家也有野化的家马，例如澳大利亚就有约 20 万匹，它们被称为澳洲野马；在纳米比亚的沙漠地区，也生活着几百匹野化的马，它们被称为纳米比亚野马。

除了北极地区以外，各大洲都有生活在野外的马，它们通常是野化的家马的后代。

在中美洲的巴哈马群岛上，有一群世界上最幸福的猪，它们成群结伴地在水中游泳、嬉戏，或是一起在沙滩上晒日光浴，它们也因此吸引了来自世界各地的游客。

为了能够吃到树叶，这些生活在野外的山羊会爬到树上。

忍受饥饿的流浪动物

许多狗与猫也过着野生生活，尤其在欧洲南部和东部，它们必须在艰苦的条件下独立生存。如果人们不精心照顾自己的宠物，它们就会选择逃跑，变成流浪猫，无依无靠，还会疯狂地繁殖。近几年，流浪猫的数量越来越多，很多流浪猫因为无法找到充足的食物导致营养不良，或者患上疾病，感染寄生虫。因此，避免生活在野外的家畜不断繁殖是一件很重要的事情。德国女兽医多罗特娅·弗里茨设立了动物保护组织"动物保护联盟"，几十年来，她在意大利致力于为流浪动物实施去势手术。在完成手术之后，这些动物会被重新放归到它们当初被抓的地方。多罗特娅·弗里茨表示，这是人们帮助流浪动物唯一长期有效的办法。

吃与被吃

如果野外的家畜生活在某些食物丰富的地方，那么它们往往过得不错。但它们也得面临天敌的威胁，这些天敌会限制它们繁殖的数量。这似乎有些矛盾。这些动物会被天敌猎杀，比如北美野马被美洲狮捕食，生活在澳大利亚野外的家猪被澳洲野狗捕食，但这些食肉动物能防止因为野化家畜数量急剧增加而造成的食物短缺。

一只带着小猫的流浪猫。

➡ 你知道吗？

在德国科隆的市中心生活着一群红领绿鹦鹉，它们最初来自非洲与亚洲。隼与鹰以红领绿鹦鹉为食，使得这些鹦鹉的数量不致泛滥。

一生都为了动物

在意大利南部，多罗特娅·弗里茨设立了动物保护组织"动物保护联盟"，开始了面向社会与学校的教育工作。她尝试抓住问题的根源，并告诫人们不要让动物流浪街头。弗里茨说："我们会给流浪的动物免费提供去势手术。当人们在街头捡到流浪动物后，我们就会用微芯片记录动物的身份信息，并且把主人的名字也录入——这就意味着，这只动物已经属于这个主人了。这个方法能让主人更加有责任感，给予动物更多的关爱。通过这个项目，我们每年帮助了超过500只流浪狗找到新家。希望每一只狗都能拥有一位好主人，能爱护它，照顾它，给它喂食，并在它生病的时候带它及时就医。我们的工作让更多人有了责任心，更重要的是，这些流浪狗不会再肆意繁殖了。"这就是"动物保护联盟"的使命，该组织目前已拥有了大批专业的工作人员。

多罗特娅·弗里茨是一名兽医，居住在意大利沃尔图诺堡。

名词解释

虎皮鹦鹉得名于它羽毛上的波浪形花纹。

宠 物：猫、狗等被家庭饲养的小动物，通常是为了满足人的精神需要。

敏捷大赛：一项狗与主人通过配合而进行的运动项目。在比赛中，狗必须越过或绕过障碍物，穿越隧道，最先到达终点的狗取得胜利。

濒危物种搜查犬：专门负责搜查并保护濒危物种的狗。

协助犬：一种经过严格训练的工作用犬，比如导盲犬。经过训练后的导盲犬懂得很多指令，可以带领盲人安全行走，当遇到障碍或需要拐弯时，它会引导主人停下以免发生危险。

求 偶：鸟类在求偶时，雄鸟会尝试以多种方式引起雌鸟的注意。

家 畜：由人类饲养、驯化且可以人为控制其繁殖的动物，如猪、牛、羊、马、骆驼、家兔、猫、狗等。

牧羊犬：人们赋予专职放牧类犬的总称，它们是负责赶回家畜的看守者，更是农场主必不可少的好助手。

去 势：出于非医疗目的破坏人或动物的生殖器官，使其丧失生殖功能。

家畜看护犬：它会守护绵羊、山羊或牛群，避免这些家畜受到狼、熊等食肉动物的袭击。

捕食者：为了生存而捕杀其他动物的生物物种。

贝斯特：古埃及神话中最受欢迎的女神之一，她化身为一只猫。

本 能：人类和动物与生俱来的本领，例如，几乎所有捕食者都必须在小时候从母亲那里学习捕捉与杀死猎物。

犁鼻器：一种辅助嗅觉的感觉器官，科学研究表明，很多动物都有犁鼻器，该器官对动物的繁殖与社交行为至关重要。

重型马：也被称为"冷血马"，它们的体型庞大而沉重。这里的"冷"是指它们的性情安静、温和，并且在听见噪音时也会保持冷静。

感觉毛：一种特定的触毛，主要位于动物的脸部。猫的脸上就有感觉毛。

钩端螺旋体：简称钩体，种类很多，可分为致病性钩体及非致病性钩体两大类。

催产素：当体内分泌这种激素时，会感到舒适与安全。例如当我们抚摸一只动物的时候，身体就会分泌催产素，它也被称为"社交激素"或"拥抱激素"。

社会化：个体在特定的社会环境中，学习各种行为方式，适应社会的过程。

恒温器：可以感测周围环境的温度，并根据预先设置的温度进行加温或者降温，持续保持一个特定的温度。

偷 猎：非法捕猎（禽兽或鱼类）。

动物辅助治疗：以动物为媒介，通过人与动物的接触，改善或维持病弱或残障人士的身体状况，或帮助他们加强与外部世界的互动，进而适应社会、促进康复的过程。

流浪动物：无家可归的动物。

变温动物：除了哺乳类和鸟类动物，地球上的大部分动物都是变温动物，它们的体温随着环境而改变。

马术三项赛：又称马术三项全能赛，指骑手与同一匹马组合参加规定的三项马术比赛，包括花样骑术赛、越野赛和场地障碍赛。

深度冬眠：某些动物在冬季时生命活动处于极低的状态，这是为了适应冬季的恶劣环境条件（如食物缺乏、天气寒冷）而采取的一种措施。

图片来源说明 /images sources：

Anna Schlecker: 28 下左；Archiv Tessloff: 9 上右、13 下左、15 右、16 中右、31 中右 (blickwinkel/ICANI/D. Baum)；Corbis: 5 下右 (Judith Haeusler/cultura)、10 下中 (KIM KYUNG-HOON/Reuters)、16 下右 (Cyril Ruoso/ JH Editorial/ Minden Pictures)、39 下右 (Tom Nebbia)、41 上左 (Monty Rakusen/ cultura)、42 上 (NA FASSBENDER/Reuters)；Depositphotos: 32 左 (ababaka)；Flickr: 19 中 (squiddles)、35 中左 (Jo Simon)、36 下右 (Allison Moffatt)、45 中 右 (abcrumley)；Fotolia LLC: 33 下 左 (susan plokarz)；frontiersinzoology. com: 33 中右 (Elodie Briefer)；Jugendfarm Moritzhof: 4 中；LEGA PRO ANIMALE: 47 下右 (Dorothea Friz)；Muséum des Sciences naturelles: 9 中左 (Wilfried Miseur/ RBINS)；Parrot Wizzard: 32 中 (Michael Sazhin)；picture alliance: 2 上 中 (Anka Agency International/ Gerard Lacz)、6 下左 (Schweiger/Arendt/WILDLIFE)、9 上右 (All Canada Photos/ Peter Carroll)、9 下右 (blickwinkel/W. Layer)、12 上 中 (WILDLIFE/ I.Elsner)、14 上左 (Arco Images/C. Steimer)、17 上右 (dpa/Jörg Carstensen)、17 下 (Arco Images/P. Wegner)、18 背景图 (blickwinkel/H. Schmidbauer)、19 上左 (Anka Agency International/Gerard Lacz)、22 下右 (Arco Images/C. Stroehlein)、23 下右 (Hippocampus-Bildarchiv/Frank Teigler)、27 右 (Mary Evans Picture Library/Jean Michel Labat/ardea.com)、30-31 上 (Arco Images/Sunbird Images)、32 上 中 (dpa /Rolf Haid)、33 下中 (dpa/Carmen Jaspersen)、34 上右 (blickwinkel/S. Klewitz- Seemann)、34 下 右 (dpa/Tobias Hase)、35 中右 (dpa/Armin Weigel)、36 上左 (J. De Meester/ Arco Images)、36 中右 (dpa/Angelika Warmuth)、37 上右 (dpa/ Horst Ossinger)、39

上右 (abaca/Charriau Jeremy)、41 上中 (dpa/Jessie Cohen/Smithsonian-institute)、41 中右 (blickwinkel/ICANI/D. Baum)、42 中右 (Yannick Tylle)、43 中右 (Arco Images/A. Schmelzer)、43 下右 (dpa/Frank Rumpenhorst)、45 下中 (dpa/Frank Rumpenhorst)、45 下右 (WILDLIFE)、47 中左 (blickwinkel/A. Krieger)；pixelio.de: 17 中 (Edith Höhner)、22 上右 (Anton Keil)、25 中中 (M. Großmann)、29 上右 (Steffi Pelz)；Public Domain: 6 上；Regina Kuhn Fotodesign: 13 中右；Shotshop GmbH: 3 中右 (graphicphoto)、26 背景图. (Rebel)、43 上右 (graphicphoto)；Shutterstock: 1 背景图、(MNStudio)、2 上右 (AnetaPics)、2 中左 (Shestakoff)、3 下左 (Buckeye Sailboat)、4-5 (Shestakoff)、4 下左 (Catalin Petolea)、6 中左 (geertweggen)、7 上左 (Agustin Esmoris)、7 中左 (Erni)、7 下 左 (Julija Sapic)、7 下右 (demidoff)、8 中 (Maggy Meyer)、8 中右 (Elena Eliachevitch)、8 下中 (Gerard Koudenburg)、9 上中 (Stefan Simmerl)、9 下中 (africanstuff)、10 上中 (Eric Isselee)、10 右 (Antonio Gravante)、11 上中 (Miroslav Hlavko)、11 上 右 (Imageman)、11 中左 (wavebreakmedia)、11 中右 (Gaby Fitz)、11 下左 (fivespots)、11 下中 (Hintau Aliaksei)、11 下右 (Pakhnyushchy)、12 上右 (Vetapi)、13 上右 (David Evison)、14 下左 (yevgeniy11)、16 上右 (onsuda)、16 下中 (AnetaPics)、19 上右 (xpixel)、20 上右 (Andrey Armyagov)、20 中右 (Dmitry Onishchik)、20 下 (View Apart)、20- 21 下 (Vitaly Korovin)、20 下中 (stockpix4u)、21 中左 (Dobermaraner)、21 下右 (Richard Lyons)、22 下左 (Xseon)、23 上右 (cyrrpit)、25 上右 (Xseon)、25 下左 (Irina Fischer)、27 中右 (Dirk Ott)、27 下 (Tanya Little)、29 下左 (pirita)、30 下左 (Oleg Kozlov)、31 下 左 (Lenkadan)、37 中右 (Cylonphoto)、37 下右 (Jenn Huls)、38 背景图. (Volodymyr

Burdiak)、39 上左 (belizar)、41 上右 (foto ARts)、46-47 背景图 . (Buckeye Sailboat)、46 上右 (Grobler du Preez)、47 上左 (Aerostato)；Thinkstock: 2 下右 (Sofia Kozlova)、3 上左 (Lilun_Li)、4 下中 (Thomas Northcut)、5 中右 (Valueline)、7 上左 (lanych)、7 中右 (Tom Brakefield)、8 左 (Hemera Technologies)、13 上左 (killerbayer)、14 下右 (fotosid)、15 上左 (mu_mu_)、15 下中 (Sofia Kozlova)、18 上右 (Victor Soares)、19 下右 (james steidl)、21 上右 (sodapix sodapix)、21 上左 (ncousla)、23 中下 (taviphoto)、24 上右 (miroslavmisiura)、24-25 下 (Lilun_Li)、26 上左 (Ivanov_Arkady)、28 上中 (Andre Hessler)、28-29 背景图. (MikeLane45)、28 下右 (Wojciech Gajda)、29 上左 (Dimitri Zimmer)、30 上左 (Michael Blann)、35 上左 (John Alves)、35 下左 (Rocter)、35 下左 (MonikaBajorek)、40 背景图. (Wavebreakmedia Ltd)、42 下右 (LexiTheMonster)、47 中 (themacx)；University of Cambridge, Dep. Veterinary Medicine: 33 上右 (Donald Broom)；VIER PFOTEN: 44 上右 (B. Thiesmann)、44 上左 (George Nedelcu)、45 上右；VITA e. V. Assistenzhunde: 24 中左 (Tatjana Kreidler)；Wikipedia: 30 下中

环衬：Shutterstock: 下右 (VikaSuh)

封面照片：封 1: Getty (Wayne Shipley)、封 4: Shutterstock (In Green)

设计：independent Medien–Design

内 容 提 要

　　本书介绍了生活里的奇趣小动物、家里的宠物宝贝，使小朋友对身边的奇趣萌宠有基本的认知，帮助孩子在和宠物的相伴过程中更科学地保护它们。《德国少年儿童百科知识全书·珍藏版》是一套引进自德国的知名少儿科普读物，内容丰富、门类齐全，内容涉及自然、地理、动物、植物、天文、地质、科技、人文等多个学科领域。本书运用丰富而精美的图片、生动的实例和青少年能够理解的语言来解释复杂的科学现象，非常适合 7 岁以上的孩子阅读。全套图书系统地、全方位地介绍了各个门类的知识，书中体现出德国人严谨的逻辑思维方式，相信对拓宽孩子的知识视野将起到积极作用。

图书在版编目（CIP）数据

奇趣萌宠 /（德）安妮特·哈克巴斯著 ；张依妮译
. -- 北京 ：航空工业出版社，2022.3
（德国少年儿童百科知识全书 ：珍藏版）
ISBN 978-7-5165-2898-3

Ⅰ．①奇… Ⅱ．①安… ②张… Ⅲ．①动物—少儿读物 Ⅳ．① Q95-49

中国版本图书馆 CIP 数据核字（2022）第 021120 号

著作权合同登记号
图字 01-2021-6324

HAUSTIERE Unsere liebsten Freunde
By Annette Hackbarth
© 2015 TESSLOFF VERLAG, Nuremberg, Germany, www.tessloff.com
© 2022 Dolphin Media, Ltd., Wuhan, P.R. China
for this edition in the simplified Chinese language
本书中文简体字版权经德国 Tessloff 出版社授予海豚传媒股份有限公司，由航空工业出版社独家出版发行。

奇趣萌宠
Qiqu Mengchong

航空工业出版社出版发行
（北京市朝阳区京顺路 5 号曙光大厦 C 座四层　100028）
发行部电话 ：010-85672663　010-85672683

鹤山雅图仕印刷有限公司印刷　　　全国各地新华书店经售
2022 年 3 月第 1 版　　　　　　　2022 年 3 月第 1 次印刷
开本 ：889×1194　1/16　　　　　字数 ：50 千字
印张 ：3.5　　　　　　　　　　　定价 ：35.00 元